U0363967

夏 欣欣向荣

温迪·普费弗 著
琳达·布莱克 绘
徐戎荣 译

中国科学技术大学出版社

夏天走近北半球时，野牛脱去了厚袄，野山羊爬上阳光牧场，蝴蝶纷纷钻出茧屋，换上五彩纱衣。

每年夏季，太阳都早早升起，越升越高，总要到傍晚才不情愿地落下。白天变得更长更暖，正是作物生长、成熟的好光景。

操场上，公园里，满是出游的家庭，他们或在绿荫伞下野餐，或组队玩起棒球、排球，有的干脆就在和煦的暖阳下打起了盹，好不自在！孩子们开心地骑着车、做着游戏，在夕阳陪伴下，他们痛痛快快地玩耍着！

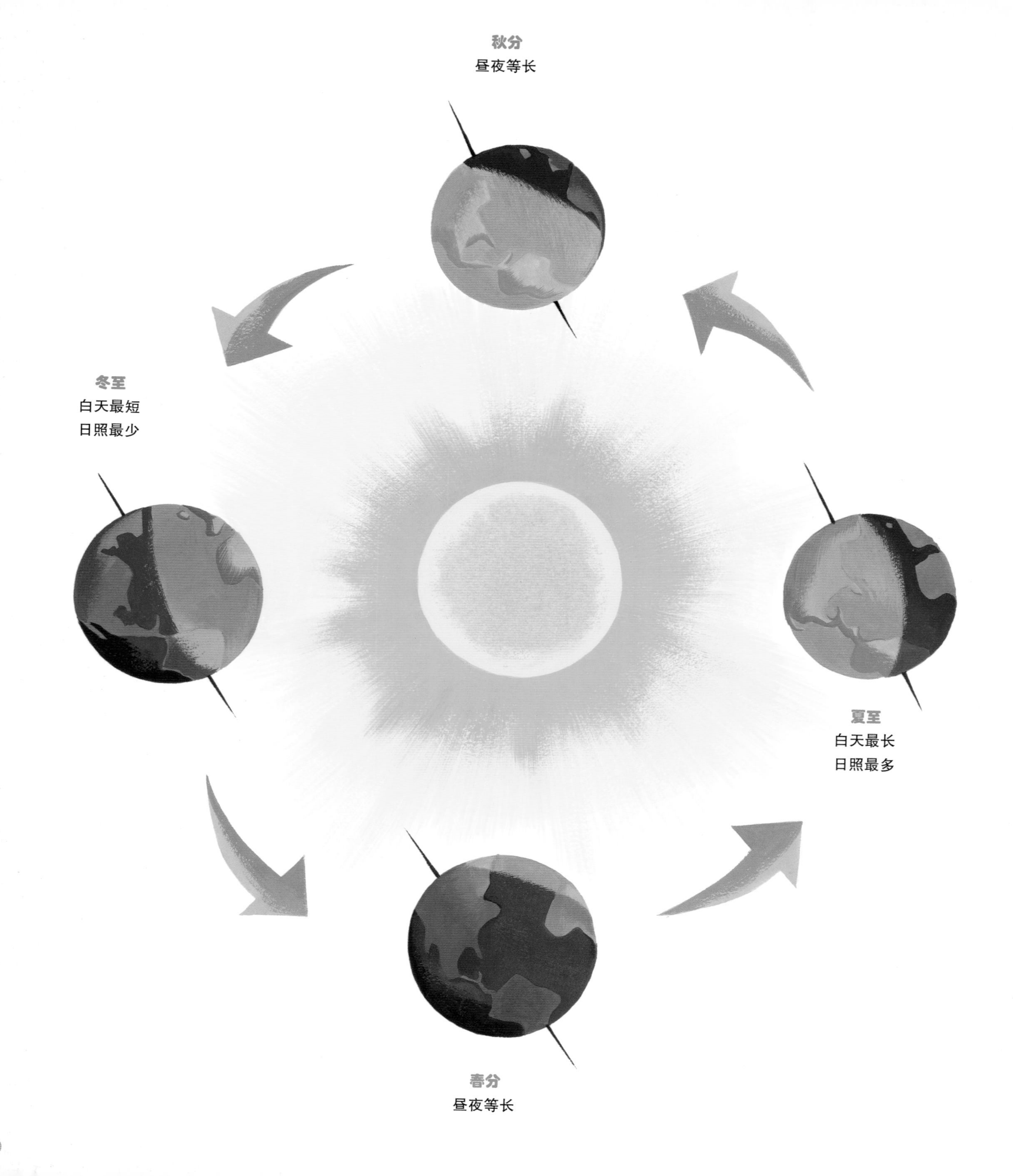
秋分
昼夜等长
冬至
白天最短
日照最少
夏至
白天最长
日照最多
春分
昼夜等长

地球一直沿着它的轨道运行。进入夏季后，北半球慢慢斜向太阳，比南半球获得更多日照。

6月21日前后的一天，我们称其为“夏至”。它的日照时间比其他天的都要长，它是一年中日照时间最长的一天。

太阳播撒着温暖和光明，人们的生活离不开它。煦暖阳光和长时日照，供给生命所需养分。夏季，是美好的生长季。

古代人敬奉太阳，有些民族视它为诸神之一。

拉——古埃及神话中的太阳神，乘着金船在空中行。

夏马修——美索不达米亚平原神话里的太阳神，每天乘马车驶过天空。早晨，马车驶出“东方之门”，接着横穿长空，直抵“西方之门”。夜里，他在地下潜行，直到天亮，回到“东方之门”。

阿波罗——古希腊神话中的光明之神，亲自驾着一辆两轮战车，穿越天空。太阳就是战车的一个风火轮。

古时，人们就试图观察并记录太阳到底如何在天空中运行，他们试着用很多方法来确定太阳移动的轨迹。

古希腊人定时测量高柱的影长，发现最短的影子出现在夏天里白天最长的那一天，那时，正午的太阳高挂在头顶上；而最长的影子则出现在冬天里白天最短的那一天，那时，正午的太阳低悬在空中。

美国加利福尼亚南部的丘玛什人(北美印第安人的一支),曾在山洞顶部的豁口周边作画,画出日出时云隙霞光的美景,他们称那儿为“太阳之家”。日照时间最长的那天下午3点左右,太阳光线直穿进洞口,恰好投射到嵌在地面上的水晶柱上,丘玛什人由此知道夏天来了。

古代英国人在五千年前开始竖起一些巨石，来标识一年中的这些特殊时刻。巨石阵，就是这样一个史前遗迹，它由一圈巨石围成，其中一些巨石的连线恰与夏至早晨初升的太阳在一条线上，另外有一些连线直指冬至那天日落的方向。

此后大约一千五百年，这些古英国人从数百公里外的地方，通过绳拉、船载将巨大的青石和蓝砂岩运到现在巨石阵所在的地方。有些石块重达50吨，竟有八头大象那么重，有一辆校车那么长。

利用滚木、斜坡和绳索，他们精准地放置每块巨石。这些能工巧匠们都是谁？他们用什么办法将巨石搬这么远？这些问题尚无人能答，但可以肯定，他们费尽心血就是为了敬拜太阳。

美国新罕布什尔州的迷山上也有类似的谜一般的石阵，有人称之为“美洲的巨石阵”。没有英国巨石阵那般整齐规划，这里有的只是一堆杂乱摆放的石头，上面刻有古代铭文。一些学者推测：这也许是两千到五千年前，某个未知文明部落在这儿建起的。

每年 6 月 21 日前后，游客一大早便蜂拥而至，到迷山日出石上看太阳初升，庆祝一年中白天最长的一天的到来。

在美国怀俄明州，每年6月中旬，成千上万名游客登上药山山顶，参观“大石轮”。科学家和考古学家都相信，是平原印第安人在两百到八百年前建造了这个直径约25米的岩石圈。28条轮辐从圆心向外辐射，其中一条指向夏至太阳升起的方向，另有一条则直指那天太阳落山的方向。

七百多年前，在立陶宛，白天最长的那天，村民们先用晨露洗脸，然后尽情欢歌曼舞，摆宴共庆佳日。他们将车轮涂上焦油、裹上干草，再推上山丘，寓指高空的太阳，然后点燃车轮，从山丘推至河中，象征太阳穿过天空。如果车轮落水时仍在燃烧，人们就相信那年的夏日骄阳将带给他们五谷丰登。

如今，每年的6月24日是立陶宛和其他许多国家的圣约翰节。在这一天，人们都要举办各种庆祝活动，从日出直到日落，狂欢不断。

仲夏夜，古日耳曼人燃起篝火，他们认为火不仅能助太阳温暖地球，还能驱走邪灵，火堆越旺，邪灵越远。成对的人儿跃过篝火，祈愿作物能长到像他们跳起的那样高。

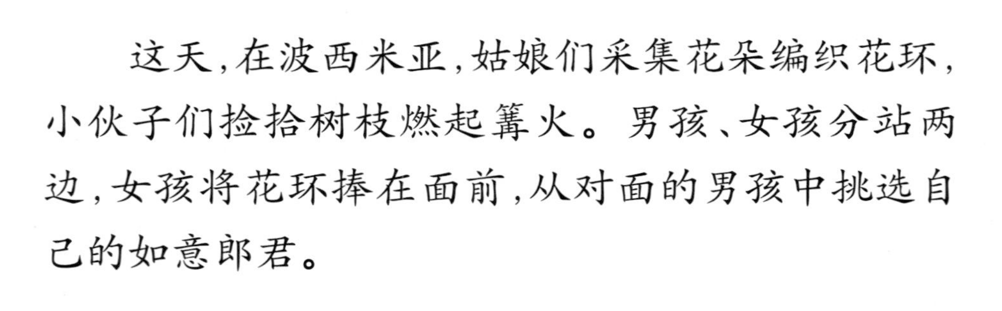

这天，在波西米亚，姑娘们采集花朵编织花环，小伙子们捡拾树枝燃起篝火。男孩、女孩分站两边，女孩将花环捧在面前，从对面的男孩中挑选自己的如意郎君。

如果相中了,女孩就将花环抛向篝火对面的男孩。人们相信被火燎过的花环可以保佑人们来年无病无灾。

夏至(6月21日前后)那天，北极圈以内的地方几乎没有黑夜，在瑞典，这天是“永昼”。中世纪时，为了庆祝仲夏节，瑞典人会用绿色植物装扮房屋和谷仓，相信这能带来富饶和健康；他们削去高大的云杉树的枝杈，再用花环把它装饰得漂漂亮亮。

今天的瑞典，各城镇仍会在每年的夏至(6月21日前后)竖起一根花柱，饰以彩带、鲜花、小旗和各种绿色植物。在农村，人们会穿上民族服饰，奏起传统乐曲，围着花柱翩翩起舞。青年男女纷纷采下八色鲜花，睡觉前将其压在枕头底下，希望在梦中能遇见未来的伴侣。

在阿拉斯加的诺姆市，人们每年都会举办午夜太阳节庆祝夏至，那天，日照时间超过22小时，人们走上街头，参加游行、烧烤、跳舞等各种狂欢。

如果白令海的冰层裂开，一年一度的“北极熊游泳”活动就开始了，勇敢的人们将身子浸入寒冷刺骨的海水中，来庆祝一年中日照时间最长的一天。

许多人都喜欢夏日的热度，以及各种夏季特有的户外活动。孩子们也不怕炎热，在细软的沙地里扭扭湿脚丫，在花洒底下与伙伴们嬉戏，或是种下整天追逐太阳的向日葵。

暮霭中，白天与黑夜正在交接。太阳在这时沉下了地平线，孩子们望着闪烁的星星，心里盘算着明天阳光下的新游戏。

暑气还盛时，白昼就短了起来，夏天很快要结束了。落叶纷纷，凉风拂面，野牛又要披上厚袄，野山羊走在无风的牧场上，帝王蝶也要南飞了，去墨西哥寻觅温暖的天空。

地球绕着太阳转，没有停歇，来年的6月，北半球的人们又会迎来夏至——全年中日照时间最长的一天。

知识点

地球绕太阳公转时，北半球有时斜向太阳，有时又会偏离太阳，这样就有了四季更替。

“solstice”这个词源于拉丁语，其中，“sol”的意思是“太阳”，“sistere”的意思是“停止”，因而solstice就意味着：那天，太阳会停下它远离赤道的脚步，转身开始返回旅程。

每年6月21日前后，北半球斜向太阳，极强的太阳光直射北半球，这时的太阳似乎挂在很高的空中。太阳从升起到落下，要经历很长一段时间。这一天白天最长，我们称其为夏至。

相反，在每年的12月21日前后，太阳没有直射北半球。在北半球看太阳仿佛离地平线很近，日出到日落只需短短的一段时间。日照时间最短的日子就是冬至日——全年白天最短的一天。

创作丘玛什岩画

北美的丘玛什人创作了一些绝美的岩画作品，上面绘有很多人、动物和太阳的形象，说明夏至日对人们生活影响很大。大家不妨模仿一下下面几幅丘玛什岩画，创作出自己的岩画作品。

所需材料和工具

1. 一块扁平光滑的石头；
2. 旧报纸；
3. 粉笔；
4. 颜料（丘玛什人主要用红色、黑色、白色和黄色）；
5. 各种型号的画笔。

操作步骤

1. 选好你觉得完美的平滑石头，记得一定要用清水和清洁剂把它洗干净；
2. 将洗干净的石头在室内放一夜，使它阴干；
3. 将报纸铺在作画的桌子上；
4. 先用粉笔在石面上画图案；
5. 再用不同颜色的颜料涂描粉笔画的线条；
6. 耐心等待几小时，等颜料干透。

制作日晷

古埃及人曾用日晷来计时，其他地区的人民也设计了各种日晷，日晷有时被称为“影子时钟”。

所需材料和工具

1. 一张边长为15厘米的正方形卡纸；
2. 一块边长为30厘米的正方形厚纸板；
3. 剪刀、胶带、记号笔、指南针。

注意：制作日晷还需要晴朗的天气。

操作步骤

1. 如图1所示，将15厘米的卡纸沿对角线折叠，将其沿折痕剪开，分成两个三角形，取其中一个作为晷针，即日晷投影的部位；
2. 如图2所示，将留作晷针的三角形的一条直角边向上折2.5厘米，作为底边；
3. 如图3所示，用记号笔在30厘米的厚纸板中间画一条对折线，正中心标上圆点；
4. 如图4所示，将三角形晷针竖立在厚纸板上，折起的底边线对齐那条中线，斜边端点与所标圆点重合；
5. 用胶带将晷针底边粘在厚纸板上，使其牢牢立稳；
6. 用指南针找北，将日晷放置户外阳光下，三角形顶点指向正北方，然后用胶带或稍重一点的东西压住底座；
7. 用记号笔画出晷针每小时的阴影线；
8. 如图5所示，在每条阴影线旁标上时间，日晷就做好了。

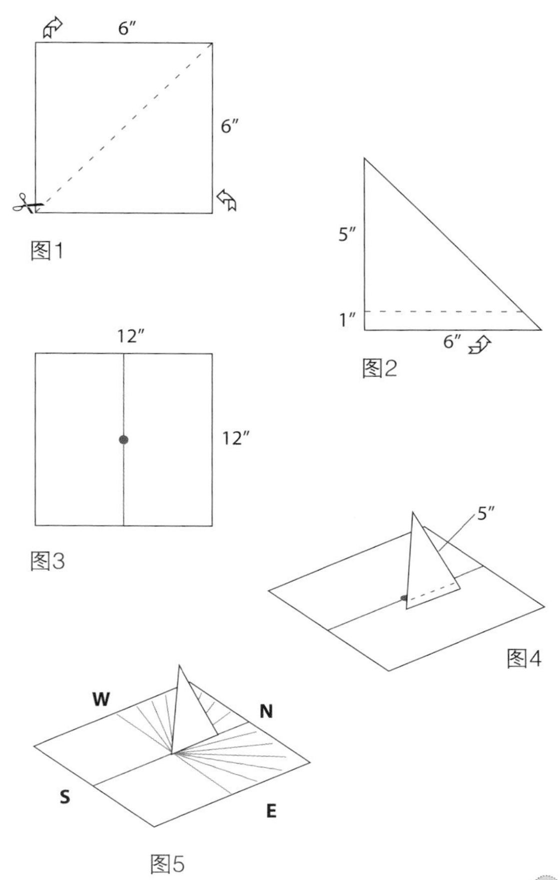

带着你的日晷，下次在阳光明媚的时候再去户外；如果放置位置不变，通过看阴影线旁的时间，你就能知道当时的大概时间了。

种向日葵

向日葵的确名副其实，它们白天慢慢地随着太阳转动那大大的“圆盘”。圆盘中间是葵花籽，周边一圈是黄色大花瓣。快来种向日葵吧，乐趣可多啦。

所需材料和工具

1. 一包向日葵种子（选用食用型大盘向日葵品种）；
2. 喷壶或水管、木桩、绳子；
3. 土壤肥沃的向阳地。

操作步骤

1. 盛夏阳光明媚时，以约1米的间隔种下葵花籽，深度为2.5厘米；
2. 浇水，保持土壤湿润（注意：不能浇太多水，也不用施很多肥）；
3. 观察种子生长，经常测量它们的高度，你的向日葵可能会长到1至3米高哟；
4. 选一棵中意的苗，在旁边插上一根木桩，当苗长到一定高度时，将它松松地绑在木桩上；
5. 夏末，花盘外层花瓣落下，中心葵花籽逐渐变黑，等黑透后，用小餐叉将这些葵花籽搓下来。你会收获多达千粒的瓜子呢，一定要记得将它们摊开晾晒。

嗑开壳，享受一粒粒的美味吧！你是不是还想省下一些留着给冬天觅食的小鸟呢？

编织波西米亚花环

波西米亚人相信花环有着神奇的功能:在雷雨天揪下一点花环上的花或叶并点燃,雷电就不会给他们带来火灾;牲畜病了,弄碎一点花或叶,拌在食物里,喂下去,就会有治疗的作用。

所需材料和工具

1. 一桶水;
2. 剪刀;
3. 铁衣架;
4. 铝箔;
5. 细绳;
6. 色彩明亮的丝带;
7. 小野花和长秆绿草。

操作步骤

1. 用细绳将长秆绿草绑成小束;
2. 用细绳吊起草束,悬挂差不多一星期,等其干燥;
3. 采些野花,如野胡萝卜花、毛茛、三叶草和小雏菊,记得不要连根拔起,你也可以在花店买些自己喜欢的花儿;
4. 准备的花儿要及时放进盛有水的水桶里,保持花儿新鲜;
5. 回家后,将花儿也绑成束,并用细绳挂起来,几星期后就成干花了;
6. 将衣架拉成一个圆形,保留衣架钩;
7. 用铝箔将衣架铁丝缠上几层,使它粗一点;
8. 将干草束绕在铝箔外面,要完全遮住铝箔;
9. 用细绳固定好干草,这样花环的大致模样就有了;
10. 将干花编进花环,并用细绳固定;
11. 再用彩色丝带装饰一下;
12. 最后,将花环挂在门上或墙上。

安徽省版权局著作权合同登记号:第 12171685 号

图书在版编目(CIP)数据

夏:欣欣向荣/(美)温迪·普费弗(Wendy Pfeffer)著;(美)琳达·布莱克(Linda Bleck)绘;徐戎荣译.—合肥:中国科学技术大学出版社,2019.1
ISBN 978-7-312-04203-4

Ⅰ.夏… Ⅱ.①温… ②琳… ③徐… Ⅲ.夏季—普及读物 Ⅳ.P193-49

中国版本图书馆 CIP 数据核字(2017)第 075536 号

出版 中国科学技术大学出版社
安徽省合肥市金寨路 96 号,230026
http://press.ustc.edu.cn
https://zgkxjsdxcbs.tmall.com
印刷 安徽国文彩印有限公司
发行 中国科学技术大学出版社
经销 全国新华书店
开本 787 mm×1092 mm 1/12
印张 3.5
字数 56 千
版次 2019 年 1 月第 1 版
印次 2019 年 1 月第 1 次印刷
定价 29.00 元